Randa Osman

Noções básicas de digestão anaeróbia

Randa Osman

Noções básicas de digestão anaeróbia

ScienciaScripts

Cover image: www.ingimage.com

This book is a translation from the original published under ISBN 978-3-659-83174-4.

Publisher:
Sciencia Scripts
is a trademark of
Dodo Books Indian Ocean Ltd. and OmniScriptum S.R.L publishing group

120 High Road, East Finchley, London, N2 9ED, United Kingdom
Str. Armeneasca 28/1, office 1, Chisinau MD-2012, Republic of Moldova, Europe
Printed at: see last page
ISBN: 978-620-8-29809-8

Índice:

Centro Nacional de Investigação
Divisão de Investigação em Engenharia
Departamento de Engenharia Química e Plantas Piloto

"Noções básicas de digestão anaeróbia"

Por
Dr. Randa M. Osman

Resumo

A digestão anaeróbia é uma série de reacções químicas durante as quais o material orgânico é decomposto através das vias metabólicas de microrganismos que ocorrem naturalmente num ambiente pobre em oxigénio. Na natureza, este tipo de decomposição ocorre tipicamente em ambientes quentes, húmidos e escuros, como no trato digestivo. Os microrganismos são explorados no processo biotecnológico da digestão anaeróbia, tanto para reduzir a poluição causada pelos resíduos orgânicos como para produzir metano, que pode ser utilizado como combustível. O número e os tipos de microrganismos presentes nos digestores dependem provavelmente do tipo de digestor, das suas condições de funcionamento e da composição dos resíduos. Os digestores anaeróbios podem ser utilizados em quaisquer águas residuais industriais que contenham carbono, ou seja, processamento de alimentos, pasta de papel e papel, açúcar e destilarias, matadouros, soro de queijo e unidades de produção de leite, indústria cervejeira e lamas municipais. Além disso, constituem um método eficaz para transformar resíduos de diferentes tipos, biogás (rico em metano que pode ser utilizado para gerar calor e/ou eletricidade), fibra (que pode ser utilizada como condicionador de solos ricos em nutrientes) e licor (que pode ser utilizado como fertilizante líquido).

No documento de revisão, é dada especial ênfase a alguns dos requisitos ambientais; indicadores de desequilíbrio do tratamento; tipos de reactores anaeróbios de alta velocidade; aplicação da fermentação anaeróbia de águas residuais industriais selecionadas de alta resistência; modelação da digestão anaeróbia e, finalmente, um estudo de caso.

Palavras-chave: Fermentação Anaeróbia; Aplicação; Águas Residuais Industriais; Tipos de Reactores Anaeróbios; Modelação; Estudo de Caso.

Capítulo 1

1. Introdução

A construção de uma sociedade sustentável exigirá a redução da dependência dos combustíveis fósseis e a diminuição da quantidade de poluição gerada. O tratamento de águas residuais é uma área em que estes dois objectivos podem ser abordados simultaneamente. Como resultado, tem-se verificado recentemente uma mudança de paradigma, da eliminação de resíduos para a sua utilização. Existem várias estratégias de processamento biológico que produzem bioenergia ou bioquímicos enquanto tratam as águas residuais industriais e agrícolas, incluindo a digestão anaeróbia metanogénica, a produção biológica de hidrogénio, as células de combustível microbianas e a fermentação para a produção de produtos valiosos. (Largus T. Angenent et al, 2004).

A fermentação é geralmente definida como o processo em que a energia é formada pelo processo de oxidação de compostos orgânicos como os hidratos de carbono e os açúcares. Isto leva à conversão destes compostos orgânicos num ácido ou num álcool que fornece energia. Pode ser realizada por microrganismos com a ajuda de oxigénio ou sem ele. Quando a fermentação se processa na presença de oxigénio, é designada por fermentação aeróbia e, quando se processa sem ele, é vulgarmente conhecida por fermentação anaeróbia.

A Fermentação Anaeróbia ou Tratamento Anaeróbio consiste na decomposição de matéria orgânica na ausência de oxigénio livre e este processo produz biogás enriquecido em metano, dióxido de carbono, amoníaco e vestígios de outros gases e ácidos gordos voláteis (AGV) no interior do reator. O processo de tratamento anaeróbio tem sido utilizado em vários países desenvolvidos com o objetivo de bioestabilizar os resíduos orgânicos fermentáveis produzidos pelas actividades rurais e urbanas. O processo anaeróbio parece ser uma alternativa promissora para o tratamento de resíduos sólidos orgânicos devido às altas taxas de produção de biogás que podem ser alcançadas. No entanto, a aplicação do processo anaeróbio no tratamento de resíduos sólidos orgânicos não está generalizada, principalmente devido ao maior tempo necessário para atingir a bioestabilização em comparação com o processo aeróbio. A diminuição do tempo de bioestabilização dos resíduos sólidos orgânicos através da utilização de um inóculo tem dado resultados satisfatórios (Fernandez J. et al., 2008). Geralmente, o inóculo é o lodo digerido proveniente de estações de tratamento de esgoto ou outros materiais de origem animal, como esterco bovino e outros resíduos (Forster et al., 2007; Gregor D. Zupancic et al., 2012).

A principal diferença entre o tratamento anaeróbio das águas residuais e o tratamento aeróbio reside no facto de não ser necessário arejamento no primeiro método de tratamento. A ausência de oxigénio permite a conversão anaeróbia dos poluentes orgânicos em biogás, que consiste principalmente em metano e dióxido de carbono. As duas principais vantagens do tratamento anaeróbio podem ser enumeradas como (i) elevadas taxas de carga orgânica (10-20 vezes mais elevadas do que no tratamento convencional com lamas activadas) e (ii) baixos custos de funcionamento (Elif S, enturk et al, 2012; Hatamoto M. et al.,2011; Fang C. et al.,2011).O tratamento anaeróbio pode muitas vezes ser bastante rentável na redução da matéria orgânica combinada com a produção de energia reutilizável sob a forma de biogás, que pode ser utilizado para a produção de eletricidade ou para fins de aquecimento. O tratamento anaeróbio é bastante adequado para as indústrias que descarregam águas residuais altamente concentradas com baixo teor de azoto, tais como a indústria de processamento de alimentos (Fang et al., 2011), fábricas de cerveja (Simate et al., 2011), produtores de refrigerantes (Peixoto et al., 2011) ou fábricas de processamento de papel (Seckin et al., 2011).

Capítulo 2

2. Fermentação anaeróbia

A fermentação anaeróbia de águas residuais industriais e de resíduos com elevado teor de sólidos, tais como estrume animal, lamas biológicas, lama nocturna, etc., é vulgarmente conhecida como "digestão anaeróbia" e é efectuada num recipiente hermético conhecido como digestor anaeróbio (AD).

O funcionamento bem sucedido do digestor anaeróbio depende da manutenção dos factores ambientais próximos do conforto dos microrganismos envolvidos no processo.

Nesta secção, discutiremos os diferentes tipos de sistemas de digestão anaeróbia e os tipos de digestores anaeróbios de alta velocidade, a microbiologia do processo, as vantagens e desvantagens da fermentação anaeróbia, os requisitos ambientais, tais como o efeito da temperatura, o efeito do pH, o efeito dos nutrientes, o efeito da taxa de carga orgânica e, finalmente, alguns indicadores de desequilíbrio do tratamento

2.1. Tipos de Sistemas de Fermentação Anaeróbia

Os métodos utilizados para tratar as águas residuais industriais podem ser classificados nas seguintes categorias;

- Fase única

  A alimentação é introduzida no reator a um ritmo proporcional ao ritmo de remoção do efluente. Geralmente, o tempo de retenção é de 14-28 dias, dependendo do tipo de alimentação e da temperatura de funcionamento.

- Multi-estágio

  A introdução de processos de AD em várias fases destinava-se a melhorar a digestão através de reactores separados para as diferentes fases da AD, proporcionando flexibilidade para otimizar cada uma destas reacções.

- Lote

  Os reactores descontínuos são carregados com matéria-prima, sujeitos a reação, e depois são descarregados e carregados com um novo lote.

Em alternativa, alguns digestores são alimentados continuamente com carga e descarga automáticas e remoção de digerido. Estes sistemas são designados por digestores "contínuos".

Um digestor anaeróbio de fase única é suscetível de ser perturbado por um aumento rápido dos ácidos gordos voláteis e por uma diminuição do pH da solução a granel, inibindo subsequentemente a metanogénese e conduzindo ao fracasso do processo. Para eliminar um problema operacional tão comum, foram introduzidos e investigados processos anaeróbios de duas fases como alternativa. A separação física das fases acidogénica e metanogénica aumenta a estabilidade, uma vez que a sobrecarga do reator de metano é evitada através do controlo adequado da fase de acidificação. Além disso, a separação de fases permite a manutenção de densidades adequadas dos formadores de ácido e de metano em reactores separados e possibilita a maximização das taxas de acidificação e metanogénese através da aplicação de condições operacionais óptimas. O reator acidogénico pode também servir como sistema tampão quando a composição das águas residuais é variável e pode ajudar na remoção de compostos que são tóxicos para as metanogénicas. Por fim, o reator acidogénico fornece um substrato constante às metanogénicas, que são conhecidas por se adaptarem lentamente à variação do conteúdo e da composição do substrato (Bhavik K. Acharya et al., 2011).

2.2. Tipos de Reactores Anaeróbios de Alta Velocidade

Todos os processos modernos de biometanização de alta taxa baseiam-se no conceito de retenção de biomassa altamente viável por algum modo de imobilização de lamas bacterianas. Isto é conseguido através de um dos seguintes métodos:

- Formação de agregados de lamas altamente sedimentáveis combinada com separação de gases e sedimentação de lamas, por exemplo, reator anaeróbio de fluxo ascendente com manta de lamas e reator anaeróbio com deflectores.
- Fixação bacteriana a materiais portadores de partículas de elevada densidade, por exemplo, reactores de leito fluidificado e reactores anaeróbios de leito expandido.
- Aprisionamento de agregados de lamas entre o material de embalagem fornecido ao reator, por exemplo, filtro anaeróbio de fluxo descendente e filtro anaeróbio de fluxo ascendente.

O quadro (1) resume algumas das caraterísticas importantes destes reactores, que são amplamente utilizados para a digestão anaeróbia de águas residuais industriais.

2.2.1. Reator de película fixa

O mecanismo principal para a remoção inicial de SST e, por conseguinte, de CBO é a filtração biofísica. A eficiência da remoção não é tão afetada pela temperatura como noutros tipos de digestores. A concentração dos sólidos aprisionados aumenta continuamente e, por conseguinte, existe o grande problema de remover periodicamente o excesso de sólidos/biomassa do digestor.

Nos reactores estacionários de película fixa Figura (1), o reator tem uma estrutura de suporte do biofilme (meio), como o carvão ativado, suportes de PVC (cloreto de polivinilo), partículas de rocha dura ou anéis de cerâmica para imobilização da biomassa. As águas residuais são distribuídas por cima e por baixo dos suportes. Os reactores de película fixa oferecem as vantagens da simplicidade de construção, da eliminação da mistura mecânica, da melhor estabilidade a taxas de carga mais elevadas e da capacidade de suportar grandes cargas de choque tóxico e cargas de choque orgânico. Os reactores podem recuperar muito rapidamente após um período de inanição. A principal limitação desta conceção é o facto de o volume do reator ser relativamente elevado em comparação com outros processos de elevado débito, devido ao volume ocupado pelo meio. Outra limitação é o entupimento do reator devido ao aumento da espessura do biofilme e/ou à elevada concentração de sólidos em suspensão nas águas residuais.

Quadro (1) Caraterísticas dos tipos de reactores

Tipo de reator anaeróbio	Início[u] Período P	Efeito de canalização	Reciclagem de efluentes	Dispositivo de separação gás-sólido	Embalagem de transporte	Taxas de carga típicas (kg CQO/m^3 dia)	HRT (d)
CSTR	-	Não presente	Não é necessário	Não é necessário	Não essencial	0.25-3	10-60
UASB	4-16	Baixa	Não é necessário	Essencial	Não essencial	10-30	0.5-7
Filtro anaeróbio	3-4	Elevado	Não é necessário	Benéfico	Essencial	1-4	0.5-12

AAFEB	3-4	Menos	Necessário	Não é necessário	Essencial	1-50	0.2-5
AFB	3-4	Não existe	Necessário	Benéfico	Essencial	1-100	0.2-5

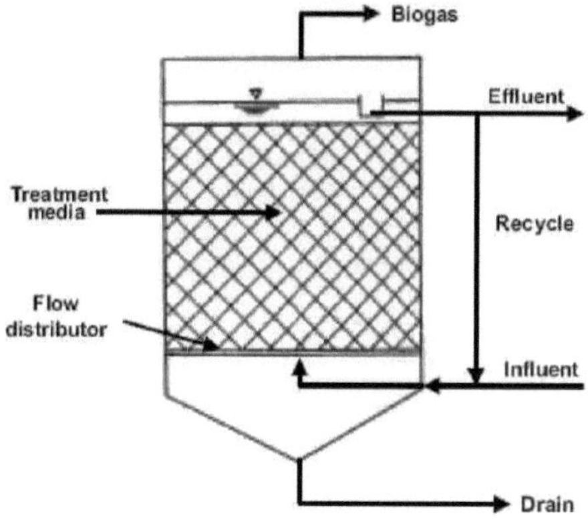

Figura 1 Reator de película fixa
http://web.deu.edu.tr/atiksu/ana58/vege06.gif

1.2.2. Reator anaeróbio de fluxo ascendente com manta de lamas

Esta é, de longe, a configuração de reator mais estudada para o tratamento de águas residuais domésticas. A sua principal utilização é para o tratamento de águas residuais industriais de maior intensidade, mas pode ser utilizada para águas residuais municipais de menor intensidade. É importante ter uma boa construção da entrada de alimentação para obter um melhor contacto entre os organismos imobilizados e as águas residuais afluentes. O melhor contacto entre os organismos e as águas residuais pode ser conseguido através de

a) Maior relação altura/diâmetro

b) A recirculação do efluente, que resulta num leito de lamas granulares expandidas (EGSB).

As menores velocidades ascendentes do líquido nos reactores UASB resultaram num melhor aprisionamento dos poluentes não solúveis.

A figura (2) de um reator UASB consiste essencialmente num separador de gás-sólidos (para reter as lamas anaeróbias no reator), num sistema de distribuição de afluentes e em instalações de extração de efluentes. A reciclagem de efluentes (para fluidificar o leito de lamas) não é necessária, uma vez que é garantido um contacto suficiente entre as águas residuais e as lamas, mesmo com cargas orgânicas baixas, através do sistema de distribuição de afluentes (Siewhui Chong, 2012). Além disso, podem ser acomodadas taxas de carga significativamente mais elevadas nos reactores UASB de lamas granulares em comparação com os reactores de leito de lamas floculentas (Puyola D. et al., 2011). Nestes últimos, a presença de matéria suspensa pouco degradada ou não biodegradável nas águas residuais resulta numa queda acentuada irreversível da atividade metanogénica específica, porque os sólidos dispersos ficam retidos nas lamas. Para além disso, não se verifica qualquer granulação significativa nestas condições. O potencial máximo de carga de um tal sistema de leito de lamas floculentas é da ordem de 1-4 kgCOD/m^3 dias.

Um outro digestor de alta velocidade, EGSB, é uma forma modificada de UASB em que é aplicada uma velocidade superficial do líquido ligeiramente mais elevada (5-10 m/h em comparação com 3 m/h para águas residuais solúveis e 1-1,25 m/h para águas residuais parcialmente solúveis num UASB) (Lettinga G.,1995). Devido às velocidades mais elevadas do fluxo ascendente, as lamas granulares serão principalmente retidas num sistema EGSB, enquanto que uma parte significativa do leito de lamas granulares estará num estado expandido ou possivelmente mesmo num estado fluidizado nas regiões mais elevadas do leito. Como resultado, o contacto entre as águas residuais e as lamas é excelente. Além disso, o transporte do substrato para os agregados de lamas é muito melhor em comparação com situações em que a intensidade da mistura é muito menor (Lettinga G., 1995). A taxa de carga máxima atingível no EGSB é ligeiramente superior à de um sistema UASB, especialmente no caso de águas residuais com baixo teor de V&A e a temperaturas ambiente mais baixas.

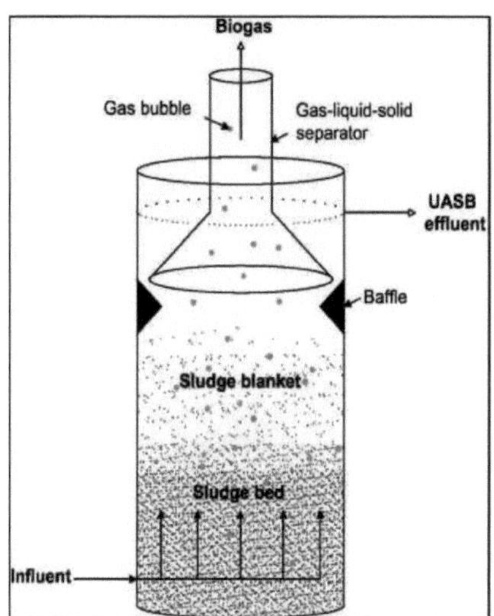

Figura 2 Reator anaeróbio de fluxo ascendente com manta de lamas (UASB)

2.2.3. Reator Anaeróbio de Leito Expandido e Fluidizado

Muitos investigadores referiram o desenvolvimento do processo anaeróbio de leito expandido, que se revelou capaz de converter resíduos orgânicos diluídos em metano a baixas temperaturas e com elevadas taxas de carga orgânica e hidráulica. Alguns reactores podem utilizar areia como suporte e outros carvão ativado granular (CAG). O CAG desenvolve um biofilme muito rapidamente e tem um elevado teor de biomassa.

No leito fluidificado anaeróbio Figura (3), o meio para a fixação e crescimento bacteriano é mantido no estado fluidificado por forças de arrastamento exercidas pelo fluxo ascendente das águas residuais. Os meios utilizados são areia de pequenas partículas, carvão ativado, etc. No estado fluidizado, cada meio fornece uma grande área de superfície para a formação e crescimento do biofilme. Isto permite obter uma elevada retenção de biomassa no reator e promove a eficiência e estabilidade do sistema. Isto proporciona uma oportunidade para taxas de carga orgânica mais elevadas e uma maior resistência aos inibidores. A tecnologia de leito fluidizado é mais eficaz do que a tecnologia de filtro anaeróbio, uma vez que favorece o transporte de células microbianas do volume para a superfície, aumentando assim o contacto entre os microrganismos e o substrato (Perez M.et al, 1998)

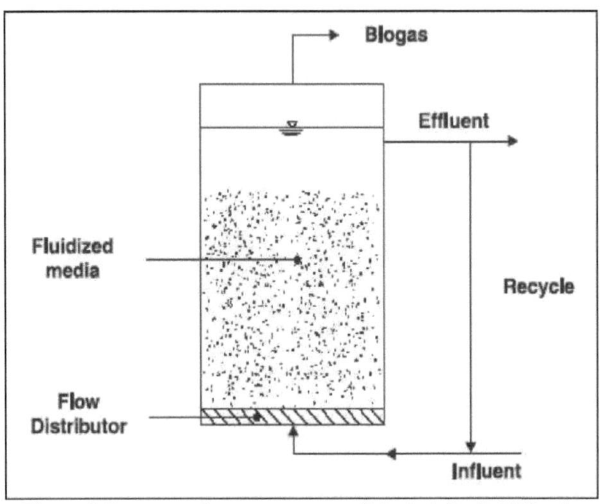

Figura 3 Esquema do processo anaeróbio de leito fluidificado

http://web.deu.edu.tr/atiksu/ana58/vege06.gif

Estes reactores têm várias vantagens em relação aos filtros anaeróbios, tais como a eliminação do entupimento do leito; uma baixa perda de carga hidráulica combinada com uma melhor circulação hidráulica e uma maior área de superfície por unidade de volume do reator. Finalmente, o custo de capital é mais baixo devido à redução do volume do reator. No entanto, a reciclagem do efluente pode ser necessária para conseguir a expansão do leito, como no caso do reator de leito expandido. Na conceção de leito expandido, os microrganismos estão ligados a um meio de suporte inerte, como areia, gravilha ou plástico, tal como no reator de leito fluidizado. No entanto, o diâmetro das partículas é ligeiramente maior do que o utilizado nos leitos fluidizados. O princípio utilizado para a expansão é também semelhante ao do leito fluidizado, ou seja, através de uma elevada velocidade de fluxo ascendente e reciclagem.

2.3. A microbiologia do processo

O número e os tipos de microrganismos presentes nos digestores dependem provavelmente do tipo de digestor, das suas condições de funcionamento e da composição dos resíduos. As fases metabólicas envolvidas na produção de metano a partir de resíduos na digestão anaeróbia ocorrem em 4 processos distintos;

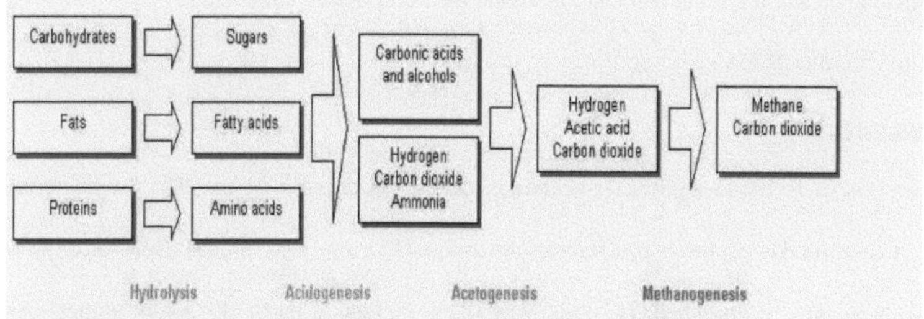

Figura (4) Os quatro processos distintos da digestão anaeróbia

Uma reação de hidrólise em que os resíduos orgânicos são decompostos num açúcar simples, neste caso a glucose, pode ser vista na seguinte equação 1.

Hidrólise

A matéria orgânica complexa é decomposta em moléculas orgânicas simples e solúveis, utilizando a água para dividir as ligações químicas entre as substâncias. É aqui que os compostos orgânicos complexos sólidos, as proteínas da celulose, as lenhinas e os lípidos são decompostos em ácidos gordos orgânicos solúveis (líquidos). O resultado são monómeros solúveis. As bactérias hidrolíticas são responsáveis pela criação dos monómeros. As enzimas excretadas pelas bactérias, como a celulase, a protease e a lipase, catalisam a hidrólise. Por conseguinte, quanto mais complexa for a matéria-prima, a fase hidrolítica é relativamente lenta.

Eq. 1: $C_6H_{10}O_4 + 2H_2O \rightarrow C_6H_{12}O_6 + 2H_2$

2. **Fermentação/Acidogénese**

A decomposição química de hidratos de carbono, proteínas e gorduras por enzimas, bactérias e leveduras na ausência de oxigénio. A hidrólise é imediatamente seguida pela fase de formação de ácidos da acidogénese. Aqui, as bactérias acidogénicas transformam os produtos da hidrólise principalmente em ácidos (voláteis) de cadeia curta (por exemplo, fórmico ou lático), cetonas (por exemplo, etanol ou acetona) e álcoois. As concentrações específicas dos produtos aqui formados variam com o tipo de bactéria e com as condições de cultura, como a temperatura e o pH.

3. **Acetogénese**

Os produtos da fermentação são convertidos em acetato, hidrogénio e dióxido de carbono pelas chamadas bactérias acetogénicas. A carência biológica de oxigénio (CBO) e a carência química de oxigénio (CQO) são assim reduzidas. A acetogénese ocorre através da fermentação de hidratos de carbono, cujo principal produto é o acetato, e de outros processos metabólicos. Na equação 2, a reação nas fases de formação de ácido é mostrada abaixo, a glucose é convertida em etanol.

Eq. 2: $C6H12O6$ O $2CH3\ CH2OH + 2CO2$

4. **Metanogénese**

O metano (CH_4) é formado a partir de acetato e hidrogénio/dióxido de carbono por bactérias metanogénicas. A maioria das bactérias metanogénicas utiliza H2 e CO_2, mas apenas espécies de dois géneros, *Methanosarcina* e *Methanorthrix*, podem produzir metano a partir do ácido acético. As bactérias acetogénicas crescem em estreita associação com as bactérias metanogénicas durante as 4th fases do processo.

2.4. Vantagens da Fermentação Anaeróbia

- Pode tratar uma vasta gama de resíduos orgânicos, incluindo águas residuais industriais
- Não há incómodo de odores durante o processo e a redução de cerca de 80% do potencial de odor.
- A sua dimensão é relativamente pequena em relação à quantidade de resíduos tratados.
- Os projectos A.F. podem impulsionar diretamente a economia rural local através da criação de empregos no desenvolvimento A.F. e indiretamente através do aumento do rendimento disponível nas zonas rurais.
- Reduzir a poluição dos solos e dos resíduos: A eliminação incorrecta das águas residuais pode causar a poluição dos solos e das águas subterrâneas. A A.F. cria um sistema de gestão integrado que reduz a probabilidade de tal acontecer e reduz a probabilidade de serem aplicadas coimas por essa poluição.
- A.F fornece energia no local para o processo

O biogás produzido é uma fonte de energia renovável e é utilizado como combustível para transportes ou para produzir eletricidade, substituindo a energia dos combustíveis fósseis e reduzindo as emissões de gases com efeito de estufa e acidificantes

- A digestão anaeróbia é também uma tecnologia que pode dar um contributo significativo para a gestão dos resíduos orgânicos.
- A fibra resultante do processo de digestão anaeróbia pode ser utilizada como um bom condicionador do solo e o licor pode ser utilizado como fertilizante

2.5. Requisitos ambientais

As bactérias metanogénicas, que são responsáveis pela maior parte da estabilização dos resíduos no tratamento anaeróbio, crescem muito lentamente em comparação com os organismos aeróbios, pelo que é necessário mais tempo para se adaptarem às alterações da carga orgânica, da temperatura ou de outras condições ambientais. Por esta razão, é geralmente desejável que, na conceção e funcionamento, se procurem condições ambientais óptimas para que se possa obter um tratamento mais eficiente e rápido.

2.5.1. Efeito da temperatura

A digestão anaeróbia é fortemente influenciada pela temperatura e pode ser agrupada numa das seguintes categorias: psicrófila (0-20°C), mesófila (20-42°C) e termofílica (42-75°C). Os pormenores dos processos bacterianos em todas as três gamas de temperatura estão bem estabelecidos, embora uma grande parte do trabalho relatado trate do funcionamento mesófilo. As alterações de temperatura são bem resistidas pelas bactérias anaeróbias, desde que não excedam o limite superior definido pela temperatura à qual a taxa de decomposição começa a exceder a taxa de crescimento. Na gama mesofílica, a atividade e o crescimento bacteriano diminuem para metade por cada descida de 10°C abaixo dos 35°C (Hulshoff Pol., 1995). Assim, para atingir um determinado grau de digestão, quanto mais baixa for a temperatura, mais longo será o tempo de digestão

O efeito da temperatura na primeira fase do processo de digestão (hidrólise e acidogénese) não é muito significativo. A segunda e terceira fases de decomposição só podem ser realizadas por certos microrganismos especializados (bactérias acetogénicas e metanogénicas) e, por isso, são muito mais sensíveis às alterações de temperatura. No entanto, uma caraterística importante das bactérias anaeróbias é que a sua taxa de decomposição é muito baixa a temperaturas inferiores a 15°C. Assim, é possível conservar as lamas anaeróbias durante longos períodos sem perder grande parte da sua atividade. Isto é especialmente útil no tratamento anaeróbio de águas residuais de indústrias sazonais, como as fábricas de açúcar.

2.5.2. Efeito do pH

As reacções anaeróbias são altamente dependentes do pH. O intervalo de pH ótimo para as bactérias produtoras de metano é de 6,8-7,2, enquanto que para as bactérias formadoras de ácido é desejável um pH mais ácido (Renato Carrha et al., 2006). O pH de um sistema anaeróbio é tipicamente mantido entre os limites metanogénicos para evitar a predominância das bactérias formadoras de ácido, que podem causar a acumulação de V&A. É essencial que o conteúdo do reator proporcione uma capacidade tampão suficiente para neutralizar qualquer eventual acumulação de V&A, evitando assim a formação de zonas ácidas localizadas no digestor. Em geral, o bicarbonato de sódio é utilizado para suplementar a alcalinidade, uma vez que é o único produto químico que desloca suavemente o equilíbrio para o valor desejado sem perturbar o equilíbrio físico e químico da frágil população microbiana (Hulshoff Pol., 1995).

2.5.3. Efeito dos nutrientes

A presença de iões na alimentação é um parâmetro crítico, uma vez que afecta o processo de granulação e a estabilidade de reactores como o USAF. As bactérias no processo de digestão anaeróbia necessitam de micronutrientes e oligoelementos como o azoto, o fósforo, o enxofre, o potássio, o cálcio, o magnésio, o ferro, o níquel, o cobalto, o zinco, o manganês e o cobre para um crescimento ótimo. Embora estes elementos sejam necessários em concentrações extremamente baixas, a falta destes nutrientes tem um efeito adverso no crescimento e desempenho microbiano. As bactérias formadoras de metano têm concentrações internas relativamente elevadas de ferro, níquel e cobalto. Estes elementos podem não estar presentes em concentrações suficientes nos fluxos de águas residuais provenientes do processamento de um único produto agroindustrial, como o milho ou a batata, ou nas águas residuais derivadas de condensados. Nestes casos, as águas residuais têm de ser suplementadas com os oligoelementos antes do tratamento (Hulshoff Pol., 1995). A concentração mínima de macro e micronutrientes pode ser calculada com base na concentração de CQO biodegradável das águas residuais, no rendimento celular e na concentração de nutrientes nas células bacterianas (Hulshoff Pol., 1995). A Tabela (2) apresenta a composição elementar das bactérias formadoras de metano no consórcio bacteriano. Em geral, a concentração de nutrientes no afluente deve ser ajustada para um valor igual ao dobro da concentração mínima de nutrientes necessária, a fim de garantir que haja um pequeno excesso nos nutrientes necessários.

Tabela (2) Composição elementar das bactérias metanogênicas*

Macronutrientes	Concentração	Macronutrientes	Concentração

Elemento	(mg/kg)	Elemento	(mg/kg)
N	65,000	Fe	1800
P	15,000	Ni	100
K	10,000	Co	75
S	10,000	Mo	60
Ca	4000	Zn	60
Mg	3000	Mn	20
		Cu	10

*(Hulshoff Pol., 1995)

2.6. Indicadores de desequilíbrio do tratamento

Em condições normais, o tratamento anaeróbio de resíduos decorre com um mínimo de controlo. No entanto, se as condições ambientais forem subitamente alteradas ou se forem introduzidos materiais tóxicos no digestor, o processo pode ficar desequilibrado. Um "digestor desequilibrado" é definido como um digestor que está a funcionar com uma eficiência inferior à normal. Em casos extremos, a eficiência pode diminuir para quase zero, o que resulta num digestor "preso". É importante determinar quando é que um digestor começa a ficar "desequilibrado" para que possam ser aplicadas medidas de controlo antes de se perder o controlo. Um digestor bloqueado é difícil de reiniciar e, se não estiver disponível um fornecimento de lamas de sementeira que contenham elevadas concentrações de bactérias metanogénicas, tal poderá demorar várias semanas. Não existe um parâmetro único que indique sempre o início de condições de desequilíbrio, sendo necessário observar vários parâmetros para um bom controlo.

De entre os muitos parâmetros, o melhor parâmetro individual é o da concentração de ácidos voláteis. Os ácidos voláteis são formados como compostos intermédios durante o tratamento anaeróbio completo de materiais orgânicos complexos. As bactérias metanogénicas são responsáveis pela destruição dos ácidos voláteis e, se forem afectadas por condições adversas, a sua taxa de utilização diminuirá e a concentração de ácidos voláteis aumentará. Um aumento súbito da concentração de ácidos voláteis é frequentemente um dos primeiros indicadores de desequilíbrio do digestor e, muitas vezes, indica o início de condições adversas muito antes de qualquer dos outros parâmetros ser afetado. Deve notar-se que uma concentração elevada de ácido volátil é o resultado de um tratamento desequilibrado e não a causa, como por vezes se pensa. Assim, uma concentração elevada de ácidos voláteis, por si só, não é prejudicial, mas indica que algum outro fator está a afetar as bactérias metanogénicas.

Outro indicador de desequilíbrio do digestor é a diminuição do pH, que normalmente resulta de uma concentração elevada de ácidos voláteis. No entanto, uma descida significativa do pH não ocorre normalmente até que o digestor esteja seriamente afetado, e as condições que resultam num digestor "preso" estão próximas.

Em alguns tipos de toxicidade, a primeira indicação é uma diminuição da produção total de gás. No entanto, este parâmetro só é útil como indicador quando a alimentação diária é bastante uniforme e a produção diária de gás não varia demasiado de dia para dia em condições normais. As alterações na percentagem de dióxido de carbono no gás do digestor podem, por vezes, indicar o início de um estado desequilibrado, uma vez que um tratamento desequilibrado resulta frequentemente numa diminuição da produção de metano, que é acompanhada por um aumento da percentagem de dióxido de carbono.

Outra indicação de condições desequilibradas é uma diminuição da eficiência da operação. Esta diminuição da eficiência pode ser evidenciada por uma queda na produção de metano por libra de sólidos voláteis adicionados, como frequentemente determinado para as lamas municipais, ou pode ser indicada por um aumento da CQO do efluente no tratamento de resíduos industriais. Embora nenhum dos parâmetros acima referidos possa ser um sinal seguro de desequilíbrio do digestor quando utilizados individualmente, em conjunto dão uma boa imagem do funcionamento do digestor. No entanto, o melhor e mais significativo parâmetro individual é a concentração de ácidos voláteis, que deve ser sempre acompanhada de perto.

Capítulo 3

3. Digestão anaeróbia de águas residuais selecionadas de elevada resistência

3.1. Matadouro e Embalagem de Carnes

As águas residuais de um matadouro resultam de diferentes etapas do processo de abate, como a lavagem dos animais, a sangria, a esfola, a limpeza dos corpos dos animais, a limpeza das salas, etc. As águas residuais contêm sangue, partículas de pele e carne, excrementos e outros poluentes. As caraterísticas típicas das águas residuais dos matadouros são apresentadas no Quadro (3).

As lagoas anaeróbias são normalmente utilizadas para atingir um elevado grau de redução de CBO nas águas residuais de matadouros. No entanto, esta prática tem a desvantagem de gerar odores a partir das lagoas, o que torna essencial o desenvolvimento de concepções alternativas. Foram experimentados reactores anaeróbios de contacto, reactores anaeróbios de fluxo ascendente de lamas e reactores anaeróbios de filtração para os resíduos de matadouros. Todos eles têm um OLR mais elevado, que varia entre 5 e 40 kgCOD/m^3 dia (Johns M.R., 1995). Os sistemas de tratamento anaeróbio de alta velocidade, tais como os UASB e os reactores de leito fixo, são menos populares para os resíduos de matadouros devido à presença de um elevado teor de óleos gordos e de matérias em suspensão no afluente. Este facto afecta o desempenho e a eficiência dos sistemas de tratamento. Além disso, devido à CBO relativamente baixa, os sistemas de taxa elevada que funcionam melhor para concentrações de CBO mais elevadas não são adequados. O quadro (4) resume os dados de desempenho dos digestores utilizados no tratamento das águas residuais de matadouros.

O reator de contacto anaeróbio parece ser mais adequado do que o UASB, uma vez que este último é limitado pela falta de formação de grânulos e há também perda de lamas devido a elevadas concentrações de gordura. Assim, uma etapa de pré-tratamento para a remoção de gorduras e sólidos suspensos torna-se essencial se for utilizado um UASB. No entanto, para uma carga de CQO baixa, o UASB mais eficiente parece resultar numa elevada redução da CQO. Num estudo sobre águas residuais do processamento de farinha de peixe, o tratamento num filtro anaeróbio de fluxo ascendente foi efectuado após um passo de centrifugação para remover os sólidos (Guerrero L. et al., 1997). O OLR máximo aplicado foi de 5 kgCOD/m^3 dia. Um aumento do rácio de reciclagem de 1:10 para 1:5 resultou na acumulação de V&A, amoníaco e VSS.

Foi testado em laboratório um reator anaeróbio de leito fluidificado com uma capacidade de 1,2 l para águas residuais de matadouros com uma concentração de CQO até 4500 mg/1 (Borja R. et al., 1995). Foi possível obter uma redução da CQO superior a 94% para um OLR de 27 kgCOD/m^3 dia. Foi referido que, devido à presença de ácidos não utilizados no reator, era essencial manter a alcalinidade desejada.

Quadro (3) Caraterísticas das águas residuais dos matadouros*

Parâmetro	Concentração (g/l)
pH	6.8-7.8
COD	5.2-11.4
TSS	0.57-1.69
Fósforo	0.007-0.0283
Azoto amoniacal	0.019-0.074
Proteína	3.25-7.86

* (Ruiz I.et al, 1997)

Quadro (4) Sistemas de tratamento de resíduos de matadouros*

Reator	Capacidade (m^3)	OLR (kgCOD/m^3 dia)	Redução (%)
UASB (granular)	33	11	85
UASB (floculado)	10	5	80-89
Filtro anaeróbio	21	2.3	85

Contacto anaeróbio	11,120	3	92.6

*(Johns M.R.,1995)

3.2. Queijo Soro de leite e produtos lácteos

Os resíduos líquidos de uma fábrica de lacticínios provêm do processo de fabrico, dos serviços públicos e das secções de serviço. As várias fontes de produção de resíduos de uma fábrica de lacticínios são o leite derramado, o leite estragado, o leite desnatado, o soro de leite, a água de lavagem de latas de leite, o equipamento, as garrafas e a lavagem do chão. O soro de leite é o produto residual de alta resistência mais difícil do fabrico de queijo. Contém uma parte das proteínas do leite, vitaminas solúveis em água e sais minerais. As caraterísticas das águas residuais do leite e do soro de queijo são apresentadas na Tabela (5).

O tratamento de águas residuais de soro de queijo por degradação anaeróbia é limitado pela queda do pH que inibe a conversão adicional de ácidos em metano. Isto pode ser resolvido com uma ação tampão num reator híbrido, o que não é possível num reator UASB. No entanto, com um arranque adequado, os reactores UASB também podem lidar com águas residuais de soro de queijo a um pH baixo de 4, mesmo com uma OLR elevada de 6,5 kgCOD/m^3 dia (Kalyuzhnyi S.V. et al., 1997).

Foi alcançada uma elevada eficiência de tratamento com uma redução de 90% da CQO em reactores à escala laboratorial e piloto, tanto a temperaturas mesófilas como submesófilas, com um OLR máximo de 28,5 kgCOD/m^3 dia e 9,5 kgCOD/m^3 dia, respetivamente. À temperatura ambiente, num reator de 10,7 m^3 , foi registada uma eficiência de tratamento de 95% com um OLR máximo de 6,5 kgCOD/m^3 dia. Num estudo sobre o tratamento de águas residuais de lacticínios com uma CQO baixa de 2,05 g/l, foi possível obter um OLR muito elevado de 31 kgCOD/m^3 dia com um HRT de 1,7 h (Gutierrez J.L.R. et al., 1991). A redução da CQO de 95% caiu para 70-80% com o aumento da OLR para 45 kgCOD/m^3 dia. Este é um problema comum encontrado no soro de queijo, pois à medida que a carga de substrato aumenta, a região acidogénica estende-se para a metanogénica. Isto torna toda a região ácida, resultando, em última análise, na falha do reator (Yan J.Q. et al., 1993). Assim, o processo em duas fases torna-se essencial para melhorar a taxa de produção de biogás e o rendimento de metano. O efeito do controlo da temperatura e do pH na produção de biogás e na redução da CQO foi resumido nos estudos realizados por Ghaly A.E. (1996) (Quadro 6). É evidente que, inicialmente, é necessário um tampão para manter o pH, mas, numa fase posterior, a estabilidade melhora com uma população microbiana madura.

Tabela (5) Caraterísticas do efluente de laticínios*

Componentes	(mg/l) Lacticínios	Soro de leite	Permeado de soro de leite
pH	5.6-8	~	~
COD	1120-3360	75,000	50,000
CBO	320-1750	~	~
Lactose	~	40,000	40,000
Propionato (mmol/l)	~	5	4
K (mmol/l)	~	38	36
Ca (mmol/l)	~	7	2
Sólidos em suspensão	28-1900	~	~
Sólido total	~	50,000	42,000
Óleo e gordura	68-240	~	~

*(Central Pollution Control Board, 1992 e Thangaraj A,1994)

Foi utilizado um reator híbrido com uma fase de pré-acidificação para tratar três diferentes efluentes de laticínios - queijos, leite fresco e águas residuais de manteiga (Strydom J.P. et al., 1997). A redução da DQO foi de 91-97% para OLR variando de 0,97 a 2,82 kgCOD/m^3 dia. A produção de metano foi de 0,287-0,359 m^3 /kgCOD removido. Para além do reator híbrido, foram também experimentados outros tipos de reactores alternativos para o tratamento de águas residuais de origem láctea (Quadro 7). Além disso, foi experimentado um novo reator anaeróbio de placas múltiplas de 450 m^3 para efluentes de soro de queijo numa fábrica de queijo no Canadá (Guiot S.R. et al., 1995). A CQO do efluente variou entre 20 e 37 kg/m^3 . O OLR oscilou entre 9 e 15 kgCOD/m^3 dia. A eficiência máxima em termos de remoção de CQO foi de 92% e a taxa média de produção de metano foi de 4 m /m^{33} dia.

No estudo realizado por Guitonas et al. (Guitonas A. et al., 1994), foi utilizado um reator de leito fixo de 10,7 L de volume com células imobilizadas em palha de arroz para o tratamento de resíduos orgânicos sintéticos à base de leite. A vantagem do sistema foi o menor tempo de adaptação com a alteração do OLR.

Tabela (6) Efeito do controlo da temperatura e do pH no tratamento do soro de queijo

Produção de biogás	Metano (%)

Temperatura (°C)	HRT (dias)	(L/dia)		Redução da CQO (%)			
		1	2	1	2	1	2
25	10	83.70	27.90	28.2	0.5	70.8	20.2
	15	71.30	24.80	32.2	6.1	71.0	20.1
	20	60.45	20.15	34.9	8.7	70.9	20.2
35	10	156.50	58.90	28.5	10.2	70.8	20.1
	15	139.50	49.60	33.6	13.4	70.9	20.2
	20	125.50	41.85	36.0	15.6	70.9	20.2

1: Com controlo do pH, 2: Sem controlo do pH Ref: Ghaly AE., 1996

Tabela (7) Estudo de desempenho de diferentes tipos de reactores anaeróbios para a tratamento de soro de queijo e de águas residuais de fábricas de lacticínios*

Reator	HRT (dias)	Influente conc. (g/l)	OLR (kgCOD/m^3 dia)	Redução da CQO (%)
UASB	2.3-11.6	5-77	1-28.5	95-99
UASB	5.4-6.8	47-55	7-9.5	90-94
UASB	3.3-12.8	16.50	1-6.7	90-95
UASB (produtos lácteos)	17 h	2.05	31	90
UASB (soro de queijo)	5	4.5-38.1	--	--
2 fases (soro de queijo)	10-20	72.2	--	36

UFFLR	5	79	14	95
DSFFR	5	13	2.6	88
FBR	0.4	7	7.7	90
FBR	0.1-0.4	0.8-10	6-.40	63-87
AAFEB	0.6-0.7	5-15	8.2-22	61-92
AnRBC	5	64	10.2	96
SDFA	--	69.8	16.1	99
UASB	1.5	11	7.1	94
UASB	5	5-28.7	0.9-6	97-99
DUHR	7	68	10	7
UASB (permeado de soro de leite)	5-0.4	10.4	--	--
An-RBC (soro de queijo e estrume de vacas leiteiras)	--	--	--	46

3.3. Pasta e papel

O fabrico de pasta de papel e de papel envolve, em termos gerais, as seguintes etapas:

1. Processo de polpação, que envolve a polpação de materiais celulósicos por meios mecânicos, químicos ou quimio-mecânicos.

2. Processo de branqueamento, em que a cor da pasta devido à lenhina é removida através da utilização de cloro ou de outros agentes oxidantes.

3. O fabrico de papel envolve a mistura de pasta de papel com água na proporção desejada e o seu posterior processamento numa máquina de papel.

Na indústria de pasta e papel, existem vários pontos de geração de águas residuais, algumas águas residuais resultam de fugas e derrames do digestor. A lavagem e o branqueamento da pasta dão origem a águas residuais de caraterísticas diversas consoante a sequência de branqueamento. A secção de branqueamento dá origem a águas residuais e a clorolignínas. Também são geradas águas residuais da secção da máquina de papel, do fabrico de cloro cáustico e da recuperação do licor negro. Existem variações na CQO, nos inibidores e na degradabilidade consoante a origem das águas residuais (Quadro 8).

Os efluentes do branqueamento com cloro não são adequados para tratamento anaeróbio devido à sua baixa biodegradabilidade e à presença de substâncias tóxicas que afectam os metanogénios. Alguns dos processos alternativos de branqueamento com cloro atualmente adoptados são o branqueamento sem cloro elementar e o branqueamento sem cloro total. No estudo de Vidal et al., (1997), a toxicidade e a degradabilidade dos efluentes do branqueamento acima referido foram comparadas com as dos efluentes do branqueamento com cloro. O efeito dos efluentes de branqueamento sem cloro elementar e com cloro foi semelhante, mas os efluentes sem cloro total foram considerados menos tóxicos. Isto pode ser atribuído ao facto de que, para além do cloro elementar, outros componentes, como os compostos de resina de madeira produzidos durante os processos de extração, são tóxicos. A redução da CQO foi de 75% no caso do efluente gerado pelo processo de branqueamento sem cloro total, enquanto a redução é de 67% para o efluente do branqueamento com cloro. A aplicação do processo biológico de carvão ativado granular para o tratamento de efluentes de fábricas de branqueamento é evidente no estudo realizado por Jackson-Moss et al., (1992). Foi observado que 50% da CQO e da cor podiam ser removidos e que havia uma melhoria na capacidade de adsorção devido à atividade microbiana.

Um estudo à escala laboratorial foi efectuado por Korczak et al., (1991), para o tratamento anaeróbio dos efluentes da hidrólise ácida da madeira proveniente da produção de celulose sulfatada e da lavagem das fibras de celulose sulfatada. A eficiência foi de cerca de 80% em termos de redução de DQO e a produção de metano foi de 0,34 m^3 /kgCOD removido para o efluente de alta resistência (63.000 mg/1) da hidrólise ácida. No entanto, para o efluente da lavagem da celulose, a redução da DQO foi de apenas 20-30% e a produção de metano foi de 0,27-0,36 m^3 /kgCOD removido. Isto deveu-se ao facto de o efluente conter compostos refractários, tais como derivados de lenhina, resinas e taninos, para além dos açúcares. Foi feita uma tentativa de purificar o efluente da pasta termomecânica através da combinação de um método de nanofiltração com a digestão anaeróbia (Nuortila-Jokinen J, et al., 1996). Verificou-se que este novo processo resultava numa água muito limpa que podia ser reutilizada no sistema de circulação de água da fábrica. No caso dos efluentes das fábricas de papel e de pasta de papel, verificou-se que um processo de tratamento em quatro fases - pré-tratamento, tratamento anaeróbio utilizando um UASB, tratamento aeróbio e flotação terciária - foi bem sucedido. Este processo resultou numa redução média da CQO de 82% (Andersen R e Hallan P., 1995).

A Tabela (9) resume a utilização de diferentes tipos de reactores para o tratamento de efluentes de papel e pasta de papel.

Table (8) Caraterísticas das águas residuais geradas pela indústria da pasta de papel e do papel*

Águas residuais	CQO (mg/1)	Degradação (%) Inibidores
Descascamento a húmido	1300-4100	44-78 Taninos, ácidos resínicos
Polpa	1000-5600	60-87 Ácidos de resina
Termomecânica		
Chemithermomechanical	2500-13,000	40-60 Ácidos resínicos, ácidos gordos, enxofre
Polpação química	7000	~ Enxofre, amoníaco
Condensado de sulfito		
Branqueamento com cloro	900-2000	30-50 Fenóis clorados, ácidos de resina
Licor gasto com sulfito	120,000-220,000	~
Condensado Kraft	1000-33,600	83-92 ácidos resínicos, ácidos gordos, terpenos
Condensado de sulfito	7500-50,000	50-90 Enxofre, enxofre orgânico

*(Rintala JA, Puhakka JA.1994)

Table (9) Comparação da eficiência de tratamento de vários reactores para águas residuais de diferentes fluxos de papel e pasta de papel

Tipo de reator	Águas residuais	COO removida (%)	OLR
UASB	Descascamento	40	40 kgCOD/m^3 dia
Leito fluidizado	Descascamento	50 (CBO)	0,66 m^3 / m^3 dia
UASB	Polpação mecânica	~	
Mesófilo	Termomecânica	60-70	12-31 kgCOD/m^3 dia
55-70°C		60	80 e 13 kgCOD/m^3 dia
	Chemithermomechanical	60	4 e 20 kgCOD/m^3 dia
		35-55	4,7-22 kgCOD/m^3 dia
Processo de contacto	Condensado de sulfito	30-50	5 kgCOD/m^3 dia

9.4. Resíduos de açúcar e de destilaria

O processo de fabrico numa destilaria envolve a diluição do melaço com água, seguida de fermentação. O produto é então destilado para obter aguardente rectificada ou álcool neutro. O processo de destilação resulta na geração de um forte efluente orgânico (Tabela 10). A fonte de outros resíduos é a lavagem do chão, as unidades de recuperação de levedura e outros subprodutos. O processo de fabrico do açúcar envolve, em termos gerais, a extração, clarificação e concentração do sumo de cana-de-açúcar. Finalmente, o sumo concentrado é cristalizado e seco. O processo de fabrico produz principalmente bagaço e lama de prensa como resíduos. Para além disso, o processo gera águas residuais, com as caraterísticas típicas resumidas na Tabela (10).

No caso do efluente de uma fábrica de açúcar de cana, a capacidade de tamponamento é baixa e a necessidade de álcali é alta, levando a um alto custo operacional. O aumento da taxa de crescimento dos metanogénios a temperaturas mais elevadas torna o processo de digestão anaeróbia termofílica uma alternativa adequada à digestão mesofílica. Com resíduos de açúcar sintético num reator UASB de 5,75 l, foi possível obter uma conversão de glucose superior a 85% até 49,3 kgCOD/m^3 dia num período de 92 dias. A produção máxima de metano foi de 14,1 m^3 CH4/m^3 dia. Os grânulos estavam bem formados e a lama foi mantida no estado granular, a partir de 48 dias após o início da alimentação (Wiegant W.M., Lettinga G., 1985).

Foi utilizado um reator de filme fixo difásico com CAG como meio de suporte para o tratamento de águas residuais de destilarias. Embora a redução da CQO seja de apenas 67,1%, o rendimento do gás é elevado, com 0,45 m^3 /kgCOD removido e um teor de metano de 70%. O HRT é relatado como sendo de 4 dias, correspondendo a um OLR de 21,3 kgCOD/m^3 dia. Na fase ácida, a condição óptima é um HRT de 1,2 dias, correspondendo a um OLR de 54-72 kgCOD/m^3 dia (Goyal S.K et al., 1996).

Para o tratamento de vinhaça de melaço de cana de açúcar utilizando um reator UASB, a diluição teve um efeito significativo na taxa de carga. Num reator de 100 l para vinhaça com CQO entre 35 e 100 g/l, uma OLR de 24 kgCOD/m^3 dia resultou numa remoção de 75% da CQO e numa produção de biogás de 9 l/l dia com um teor de metano de 58%. A alimentação com vinhaça não diluída resultou num enorme aumento das concentrações de ácidos acético e propiónico, afectando assim a estabilidade do reator (Sanchez et al., 1985). O potale da destilaria de whisky de malte, um resíduo líquido da indústria do whisky de malte, tratado num reator UASB à escala laboratorial (Goodwin JAS, 1994), indicou a importância da diluição e do controlo do pH para se obter uma redução elevada da CQO.

Table (10) Caraterísticas dos efluentes da cana-de-açúcar e das destilarias*

Componentes	**Concentração (mg/l)**	
	Cana-de-açúcar	**Destilaria**

pH	8.14	3.8-4.4
COD	276	70,000-98,000
CBO	54	45,000-60,000
Na	4.05	150-200
K	1.64	5000-12,000
Fe	10.83	-
Cu	0.72	-
Mn	0.06	-
Sólidos totais	-	60,000-90,000
Sólidos suspensos totais	-	2000-14,000

(Thangaraj A, 1994, Goyal SK, 1996)

Normalmente, verifica-se um aumento do pH devido à produção de amoníaco durante o processo de digestão. A taxa máxima de carga para uma operação estável foi de 15 kgCOD/m^3 dia com um tempo de retenção de 2,1 dias. A viabilidade do UASB para águas residuais de destilarias a uma temperatura elevada de 55° C foi investigada por Harada et al. (Harada H., 1996). Num reator UASB de 140 l de capacidade, para uma concentração de 10 g de CQO/l na entrada, foi possível atingir um OLR de 28 kgCOD/m^3 dia. No entanto, a redução da CQO foi muito baixa, aproximadamente 65%. A aplicação do UASB para o tratamento de resíduos simulados de destilaria foi estudada num reator UASB de 29 l por Rao et al. (Rao et al., 1997). A taxa máxima de carga orgânica atingida foi de 47 kgCOD/m^3 dia. A TRH mínima foi de 4,9 h e foi obtido um rendimento de metano de 0,29 m^3 $_{CH4/kgCOD}$ removido. Um curto período de 10 dias foi suficiente para que o reator recuperasse após uma paragem de um mês. O desempenho do reator está atualmente a ser estudado com o efluente de uma destilaria local. A digestão anaeróbia termofílica da vinhaça, a água residual das destilarias de álcool, também foi efectuada com as lamas adaptadas (Wiegant et al., 1985). Após a adaptação das lamas durante 4 meses, foi possível acomodar uma carga orgânica de 86,4 kgCOD/m^3 dia. A taxa de produção de metano é de 26 m^3 $CH4/m^3$ dia. Verificou-se que a elevada concentração de vinhaça afectava o tamanho dos grânulos de lama, embora o desempenho global do reator não fosse afetado. Em certos casos, a suplementação do efluente com nutrientes como o azoto e o fósforo revelou-se eficaz. No caso da digestão anaeróbia da vinhaça de etanol de madeira utilizando um reator UASB (Callander et al., 1987), a suplementação com azoto, fósforo e alcalinidade resultou num desempenho estável do reator a uma taxa de carga orgânica de 16 kgCOD/m^3 dia. A remoção da CQO solúvel e da CBO foi de 86% e 93%, respetivamente. No entanto, a remoção de cor foi de apenas 40%. A produção de metano a esta taxa de carga foi de 0,302 m^3 CH4/ kg CQO removida.

Capítulo 4

4. Modelação da Fermentação Anaeróbia

4.4. Aspectos teóricos

A fermentação é uma reação catalisada por uma enzima. O objetivo desta secção é desenvolver expressões matemáticas adequadas para as taxas de consumo de substrato. É apresentada uma breve descrição de algumas destas expressões matemáticas utilizadas nos processos de fermentação.

4.4.1. A taxa de reação

Se a reação for

$$S \rightarrow P \qquad (1)$$

A taxa de reação (V) é, na aproximação ao estado quase-estacionário, definida por

$$V = -(ds/dt) = (dp/dt) \qquad (2)$$

4.4.2. Cinética de Michaelis-Menten

Em bioquímica, a cinética de Michaelis-Menten é um dos modelos de cinética mais simples e mais conhecidos. O modelo assume a forma de uma equação que descreve a velocidade das reacções enzimáticas, relacionando a velocidade de reação r_s com c_s, a concentração de um substrato *S*. A sua fórmula é dada por

$$r_s = -d(C_s) / d(t) = (r_{sm}.C_s) / (k_m+C_s) \qquad (3)$$

Aqui, r_{sm} representa a taxa máxima atingida pelo sistema, em concentrações máximas (saturantes) de substrato. A constante de Michaelis k_m é a concentração de substrato para a qual a taxa de reação é metade de r_m. Assume-se frequentemente que as reacções bioquímicas que envolvem um único substrato seguem a cinética de Michaelis-Menten, sem ter em conta os pressupostos subjacentes ao modelo (William W. Chen et al., 2010).

4.4.3. Inibição

Uma contribuição importante da abordagem de Michaelis-Menten para a cinética enzimática é a contabilização quantitativa da influência dos moduladores.

4.4.3.1. Inibição competitiva

A sequência seguinte aproxima razoavelmente as interações de um inibidor e de um substrato totalmente competitivos com uma enzima. E, S, I e EI representam a enzima livre, o substrato, o inibidor e o inibidor enzimático, respetivamente.

Se estiver presente mais do que um substrato, estes podem competir entre si pelo número limitado de locais activos disponíveis para a enzima e esta forma de competição é designada por *inibição competitiva.*

E + S ↔ Es (4)

E + I ↔ EI (5)

ES ↔ E + P (6)

A taxa máxima de consumo de substrato $_{rsm}$ não é afetada, mas a constante de Michael aparente é aumentada pela presença da inibição competitiva. Em termos diferentes, a taxa de redução causada por um inibidor competitivo pode ser completamente compensada pelo aumento suficiente da concentração de substrato.

4.4.3.2. Inibição não competitiva

O tipo simples dessa reação enzimática pode ser descrito na seguinte equação:

E + S ↔ ES → E + P (7)

Enquanto na inibição competitiva estas duas cadeias de reação se processam simultaneamente e geralmente o inibidor tem uma semelhança estrutural com o substrato "natural", na inibição não competitiva o material *interferente* pode combinar-se igualmente com a enzima livre ou complexa. *Uma* vez que ataca a molécula da enzima, o seu efeito não é influenciado pela concentração do substrato, mas apenas pela do inibidor.

EI + S ↔ EIS (8)

ES + S ↔ EIS (9)

4.4.3.3. **Inibição não competitiva**

Trata-se de uma variação especializada dos sistemas de inibição não competitiva, em que o inibidor não se combina com a enzima livre mas tem uma afinidade com o complexo enzima-substrato.

$$\Downarrow$$

$$E + S \leftrightarrow ES \leftrightarrow P + E \qquad (10)$$

$$+ I$$

$$\Downarrow$$

ESI

4.4.3.4. **Inibição por excesso de substrato**

Na imagem idealizada de uma molécula de enzima, assumiu-se que todos os centros activos eram igualmente atractivos para as moléculas do substrato "natural" e que cada centro se combinava com uma molécula de substrato. Um mecanismo mais complexo é claramente operativo em vários casos, quando se verifica que a velocidade da reação aumenta até um máximo numa determinada relação substrato-enzima e depois cai abruptamente à medida que a concentração do substrato aumenta.

O mecanismo de inibição do substrato pode ser descrito da seguinte forma: quando a concentração de substrato é aumentada acima do limite do limiar, a taxa de crescimento específico é proporcional a um aumento do nível de substrato e aproxima-se de um valor máximo. Um aumento subsequente da concentração de substrato conduzirá, em última análise, a uma diminuição da taxa de crescimento específica. Este fenómeno bem conhecido é designado por "inibição do substrato" e é frequentemente observado na fermentação industrial e no tratamento biológico de resíduos.

A um nível elevado de substrato, verifica-se um aumento da adsorção ou da complexidade entre as enzimas e os substratos, o que, por sua vez, reduz a atividade enzimática. De um ponto de vista biológico, um aumento na concentração de substrato pode causar uma alteração no metabolismo celular, tal como uma sobreprodução de uma molécula por uma via que resulta na inibição por retroação de uma segunda via relacionada. O modelo cinético de inibição enzimática para descrever a cinética de inibição microbiana é a **equação de Haldene**. (Sonnada e Goudar, 2004)

$$r_s = (r_{sm} . S) / (K_S + S + S^2/K_I) \qquad (11)$$

4.4.3.5. Inibição pelo produto

O efeito negativo dos produtos finais da fermentação na atividade microbiana constitui um problema de interesse biológico fundamental. A acumulação de produtos finais, como o etanol, o butanol, o ácido lático, etc., resulta numa diminuição contínua da taxa de crescimento específico e da taxa de formação de produtos; a uma concentração suficientemente elevada de produtos, todas as actividades metabólicas celulares cessam completamente.

O mecanismo de inibição do álcool tem sido utilizado para explicar o fenómeno de inibição do produto. Os alcanóis, como o etanol, o propanol e o butanol, inibem o transporte de açúcares, amónio e aminoácidos. Todos estes inibidores são *de natureza não competitiva e actuam na região hidrofóbica da membrana plasmática*. Os alcanóis também afectam o potencial da membrana celular e a extrusão de protões da célula ou aumentam o influxo passivo de protões para a célula. É de esperar que inibam e/ou tornem inactivas, se não todas, as enzimas.

4.5. Aplicação da Cinética de Monod ao Reator UASB

O modelo de Monod é amplamente aplicado para descrever a relação entre a taxa de reação e a concentração de substrato no processo de fermentação do metano. De acordo com a literatura, o reator UASB tem duas caraterísticas distintas: o leito de lamas e a manta de cobertura, que podem ser descritos como uma combinação de uma região completamente misturada, e as caraterísticas do fluxo na zona de regulação, que podem ser descritas como um fluxo de obturação. Tendo em conta o efeito das bolhas de gás ascendentes do leito de lamas e da zona de cobertura, assume-se que o reator UASB tem um fluxo completamente misturado.

Para um reator UASB sem reciclagem de biomassa, a taxa de variação da biomassa e do substrato no sistema pode ser expressa, respetivamente, pelas Eqs. (1) e (2):

$$dX / dt = (Q/V_b) * X_o - (Q/V_b) * X_e + \mu * X - K_d * X \qquad (1)$$

$$dS / dt = (Q/V_b) * S_o - (Q/V_b) * S_e - (\mu * X) / Y \qquad (2)$$

O rácio entre a biomassa total no reator e a biomassa desperdiçada num determinado período de tempo corresponde ao tempo excedentário denominado SRT ou referido como tempo médio de residência celular (0_c) e calculado a partir da Eq. (3)

$$\Theta_c = (V_b * X) / (Q * X_e) \qquad (3)$$

A relação entre a taxa de crescimento específico e a concentração limite de substrato pode ser expressa pela Eq. de Monod (4) como

$$\mu = (\mu_m * S_e) / (K_s + S_e) \qquad (4)$$

A constante LI", indica a taxa máxima de crescimento dos microrganismos quando o substrato está a ser utilizado à sua taxa máxima, e Ks indica o nível de concentração do substrato a metade da taxa específica de utilização do substrato. Se se presumir que a concentração de biomassa das águas residuais afluentes, Xo, é negligenciável e em condições de estado estacionário (quando dX/dt = 0, e dS / dt = 0), então as equações da biomassa derivadas das Eqs. (1)- (4) são as seguintes

$$X = [Q * Y*\Theta_c * (S_o - S_e)] / [V_b * (1 + K_d * \Theta_c)] \qquad (5)$$

$$S_e = [K_s * (1 + K_d * \Theta_c)] / [\Theta_c * (\mu_m - K_d) - 1] \qquad (6)$$

As Eqs. (5) e (6) são de natureza não linear; por isso, é indispensável transformá-las em formas linearizadas equivalentes para que a regressão linear possa ser usada para estimar os valores das constantes cinéticas. Duas equações linearizadas diferentes podem ser enquadradas para obter os valores de Y e Kd, que são as seguintes

$$[Q * (S_o - S_e)] / (V_b. X) = [(1 / Y * 1 / \Theta_c) + (1 / Y * K_d)] \qquad (7)$$

$$1 / \Theta_c = [Y * Q * (S_o - S_e)] / [(V_b * X) - K_d] \qquad (8)$$

Para obter as estimativas de LI,,, e K_s , a regressão linear é normalmente aplicada na equação linearizada derivada da Eq. (6). Uma revisão da literatura revela que a Eq.(9) tem sido amplamente utilizada para estimar $|i_m$ e Ks.(Okpokwasili, 2005) e (Gnanapragasam et al., 2011).

$$[V_b * S_e * X] / [Q^* (S_o - S_e)] = [(Y * S_e)/ \mu_m + (Y * K_s)/ \mu_m] \qquad (9)$$

As outras formas de equação linearizada relatadas na literatura para a estimativa de $|i_m$ e K_s são as seguintes:

$$[(X * V_b) / Q * (S_o - S_e)] * 1 / Y = [(K_s / \mu_m) * (1 / Se) + (1 / \mu_m) \quad (10)$$

$$[Q * (S_o - S_e) * Y] / (X * V_b) = [\mu_m - [K_s * Q * (S_o - S_e) * Y] / (X * V_b * S_e)] \quad (11)$$

4.6. Modelo de remoção de substrato multicomponente de segunda ordem de Grau

A equação geral de um modelo cinético de segunda ordem é exemplificada na Eq.(1)(Sandhya e Swaminathan,2006).

$$dS / dt = K_{S2} * X * (S_e/S_o) \quad (1)$$

Se a Eq.(1) for integrada (condições de fronteira: S = S_o a S_e ; e t = 0 a θ_H) e depois linearizada, forma-se a Eq. (2):

$$(S_o * \theta_H) / (S_o - S_e) = [\theta_H + S_o / (K_{S2} * X)] \quad (2)$$

Se o segundo termo da parte direita da Eq.(2) for reconhecido como uma constante, obtém-se a Eq.(3) (Buyukkamaci e Filibeli,2002)

$$(S_o * \theta_H) / (S_o - S_e) = (b * \theta_H + a) \quad (3)$$

(S_o - S_e) / S_o exprime a eficiência de remoção do substrato e é simbolizada por E. Por conseguinte, a Eq.(3) pode ser escrita como

$$(\theta_H / E) = (a + b * \theta_H) \quad (4)$$

O coeficiente "b" na Eq. (4) é próximo de um e reflecte geralmente a impossibilidade de atingir um valor zero de CQO. A constante cinética de remoção de substrato $K_{S2} = S_o/(a*X)$. Esta constante indica a taxa de remoção de substrato para cada unidade de microrganismo, dependendo da cinética de remoção de substrato de segunda ordem. Se o valor de K_{S2} em termos de "a" for substituído na Eq. (2), a Eq. (5) pode ser obtida como

$$S_e) / S_o = 1 / (1 + \theta_H / a) \quad (4)$$

Capítulo 5

5. Estudo de caso

5.1. Análise Cinética e Simulação do Tratamento Anaeróbio UASB de uma Água Residual Sintética de Fruta

Um reator UASB (Upflow Anaerobic Sludge Bed) foi utilizado por Diamantis e Aivasidis (2010) para avaliar o tratamento anaeróbio mesofílico de uma água residual de fruta pré-acidificada. O sistema foi operado com taxas de carga volumétrica crescentes, aumentando sequencialmente o caudal de águas residuais. A temperatura operacional foi mantida inicialmente a 37° C e, consequentemente, diminuiu para 30 e 25° C. Para as taxas de carga volumétrica examinadas, ou seja, 5-35 Kg COD m d^{-3-1}).

No presente trabalho, o modelo cinético de primeira ordem foi aplicado a um reator UASB à escala piloto alimentado com uma água residual de fruta pré-acidificada, uma vez que não foram detectados dados relevantes na literatura. A constante cinética foi determinada a três temperaturas operacionais diferentes (37, 30 e 25° C). O objetivo do trabalho foi examinar a eficiência do modelo cinético de primeira ordem para prever o desempenho do reator UASB em funcionamento contínuo (em termos de remoção de CQO e produção de metano).

5.1.1. Caraterísticas das águas residuais

As águas residuais foram preparadas diariamente diluindo 20 ml de néctar e polpa de pêssego por L de água da torneira; as concentrações totais ($_{CODTOT}$) e solúveis de CQO ($_{CODSOL}$) foram mantidas a 3420 (±100) e 3170 (±130) mg $_{CQO}$ L^{-1} respetivamente. As águas residuais foram armazenadas num tanque de plástico a 4° C. Foram adicionados nutrientes e metais vestigiais ao tanque de armazenamento para garantir que não ocorresse qualquer limitação (concentração em mg L^{-1} : N=170; P=30; S=20; K=40; Ca=20; Mg=10; Fe=5; Cu=0,10; Zn=0,20; Mn=0,10; Ni=0,07; Co=0,02; Mo=0,01; Se=0,07; B=0,05).

5.1.2. Instalação experimental

A instalação da unidade-piloto (Figura 15) é composta por um CSTR para acidificação de águas residuais com volume de trabalho variável (2-10 L) e um reator UASB sequencial com um volume operacional igual a 2 L.

O efluente da fase de acidificação, com um pH de 3,75, foi introduzido em contínuo (após remoção dos sólidos suspensos num tanque de sedimentação) no reator de metano. O pH do afluente UASB foi regulado a 6,6 por soluções aquosas de NaOH e HCl, doseadas num tanque de acondicionamento de 0,1 L. Este último foi instalado no fluxo de reciclagem UASB e estava equipado com um agitador magnético. O fluxo de reciclagem de UASB e o substrato foram introduzidos no tanque de acondicionamento utilizando bombas peristálticas.

O estudo foi conduzido em condições mesófilas a 36,5 (±0,6), 29,8 (±0,3) e 24,4 (±0,3)° C. Em cada temperatura operacional, o desempenho da planta piloto foi avaliado em taxas de carga volumétrica sequencialmente crescentes de 5 a 35 Kg COD m d^{3-1}). A concentração de biomassa no interior do UASB foi mantida a 14,7 (± 1,4) Kg vss m^{-3} volume do reator através da remoção regular do excesso de lamas.

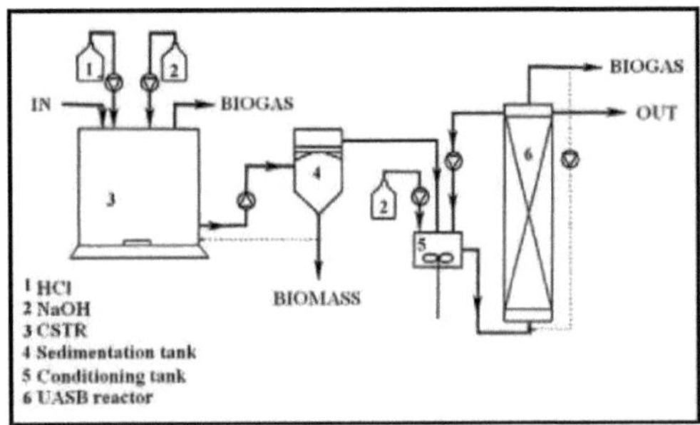

Figura (15) Reator UASB com acidificação separada para o tratamento anaeróbio de águas residuais de frutos sintéticos.

5.1.3. Determinação das constantes cinéticas

A cinética de primeira ordem é representada pela seguinte equação:

$$\mathbf{R_{RS} = dS / dt = K\, Se} \qquad (1)$$

Onde:

R_{RS} = taxa volumétrica de remoção de substrato (Kg CQO_r m d^{3-1}), K = constante cinética de primeira ordem (d^{-1}), S_e = concentração de substrato no efluente (Kg CQO m^{-3}).

Utilizando a equação (1), é possível determinar a constante cinética, K, como se mostra a seguir:

$$\mathbf{K = R_{RS} / S_e = (S_0 - S_e)/\tau . (1/S_e) = (S_0 - S_e).Q / (V . S_e)} \qquad (2)$$

Onde:

S_0 = concentração de substrato afluente (Kg CQO m-3), T = tempo de retenção hidráulica (d), V = volume do reator (m^3), Q = caudal de águas residuais (m^3 d^{-1}).

Na prática, a constante cinética, K, é derivada do declive da linha de RRS versus Se utilizando dados experimentais de diferentes condições de estado estacionário. Como se mostra na Figura 16a, os valores de K foram determinados como sendo iguais a 23, 21 e 19 d-1 a 37, 30 e 25° C, respetivamente. Estes valores são significativamente mais elevados do que os registados por Borja e Banks (1994) (0,9-4,7 d^{-1}), o que pode ser atribuído às diferentes condições de ensaio (pré-acidificação das águas residuais, maior concentração de biomassa).

A taxa volumétrica de produção de metano [RCH4, (m^3 CH4 m d^{3-1})] é dada pela equação (3):

$$R_{CH4} = Y_{CH4} . R_{RS} = Y_{CH4} . L_{RS} . U_S \quad (3)$$

Onde:

YCH4 = coeficiente de seletividade do metano (m^3 CH4 kg^{-1} CODr), LRS = taxa de carga volumétrica de CQO (kg CQO m- d^{3-1}) e US = remoção de CQO (-). O coeficiente YCH4 é determinado a partir do declive da linha de RCH4 versus RRS utilizando dados experimentais de diferentes condições de estado estacionário.

De acordo com a Figura 16b, o coeficiente de seletividade do metano é igual a 0,324, 0,302 e 0,287 m^3 CH4 kg^{-1} CODr a 37, 30 e 25° C, respetivamente. Entre estes valores, especialmente o obtido a 37° C, está próximo do valor teórico (0,35 m^3 CH4 kg^{-1} CODr) e revela a elevada degradabilidade do substrato.

5.1.4 Simulação de processos

Nos digestores anaeróbios à escala real, a taxa volumétrica de carga de CQO (Figura 17a) é determinada pela concentração de CQO das águas residuais brutas (kg m^{-3}) e pelo tempo de retenção hidráulica (d) ou pelo caudal das águas residuais (m^3 d^{-1}). Depois de determinar a constante cinética K, utilizando dados experimentais em diferentes condições operacionais (por exemplo, caudal, temperatura, concentração de biomassa e resistência das águas residuais), a CQO do efluente do reator (Se) e a remoção de CQO (US) podem ser calculadas do seguinte modo

$$S_e = (S_0 . Q) / (Q + K \cdot V) \quad (4)$$

$$U_S = (K \cdot \tau) / (1 + K \cdot \tau) \quad (5)$$

Nas Figuras 17b e 17c são apresentados os valores estimados e medidos da CQO do efluente e da remoção de CQO. É evidente que, utilizando o modelo cinético de primeira ordem, é possível prever o desempenho do reator em termos de remoção de substrato. Além disso, utilizando a equação (3), é possível estimar a taxa volumétrica de produção de metano a partir da taxa volumétrica de carga de CQO determinada experimentalmente, do coeficiente Y_{CH4} e dos valores simulados de remoção de CQO. Na Figura 18 são apresentados os valores experimentais e simulados de R_{CH4} durante o funcionamento contínuo do reator. Como se pode ver, ocorre um ligeiro desvio em relação aos valores reais, especialmente durante o período de arranque do reator (7 d iniciais). Este facto é atribuído ao aumento gradual da concentração de biomassa, que esteve em jejum durante 14 meses antes do início das experiências. A quantidade de VSS por L de lamas sedimentadas foi de 34 (±4) e 62 (±19) g vss L^{-1} antes do arranque e no final do período experimental, respetivamente.

Deste estudo podemos concluir que a previsão da DQO do efluente e da taxa de produção de metano durante o funcionamento contínuo do reator foi possível utilizando o modelo cinético de primeira ordem. A degradação de uma água residual de fruta pré-acidificada foi estudada com base num reator UASB. O UASB atingiu níveis de remoção de CQO superiores a 70%. A constante cinética diminuiu de 23 para 21 e 19 d^{-1} a 37, 30 e 25° C, respetivamente.

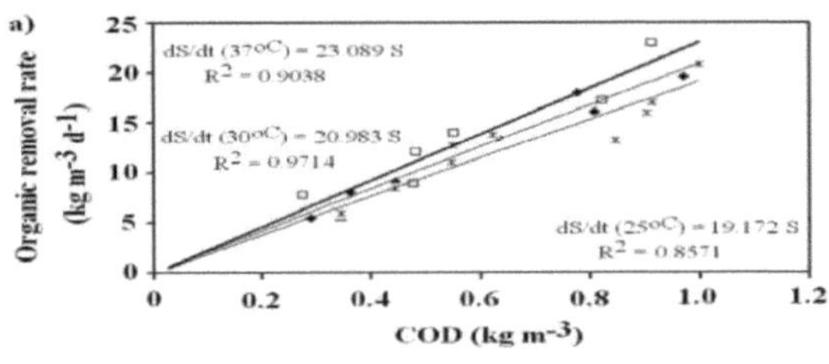

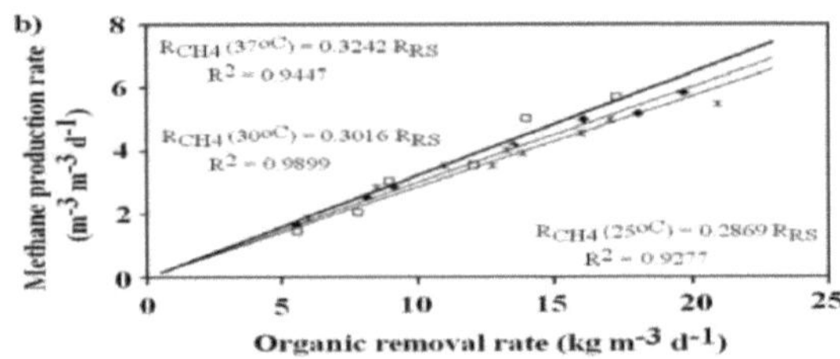

Figura (16) Taxa volumétrica de remoção de substrato em função da concentração de substrato no efluente (a) e taxa volumétrica de produção de metano em função da concentração de substrato no efluente (b).
taxa volumétrica de remoção de CQO (b)a 37 (□), 30 (♦) e 25° C (x)

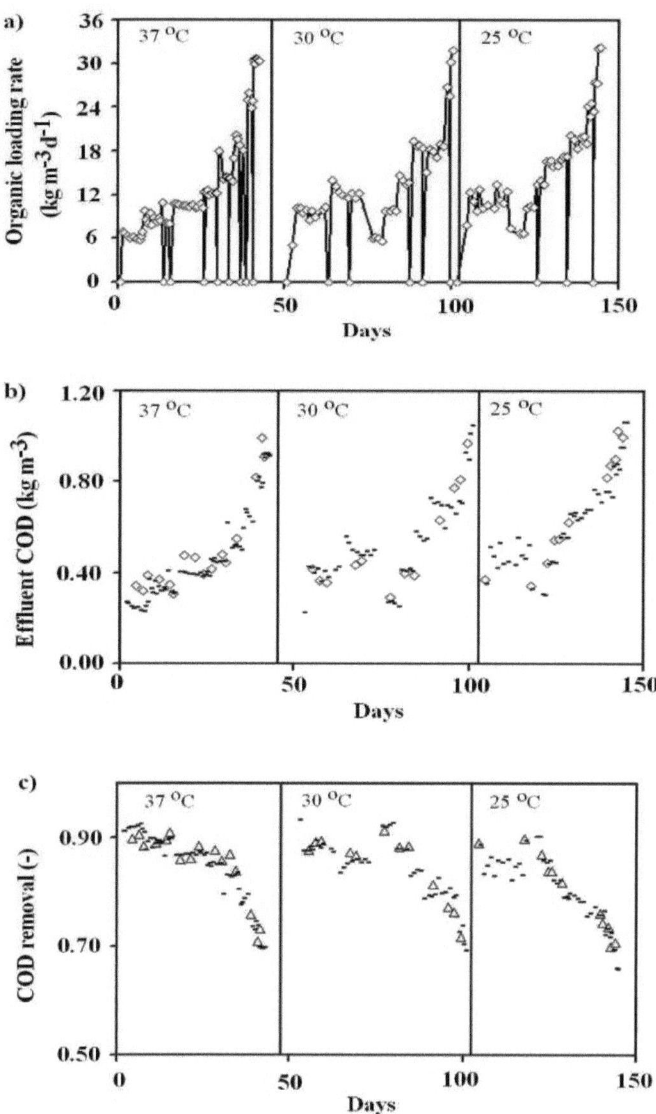

Figura (17) Taxa de carga volumétrica efectiva de CQO (a), CQO efluente (b) e remoção de CQO (c) durante o funcionamento contínuo do reator [Valores estimados (-), valores medidos (◊, A,)]

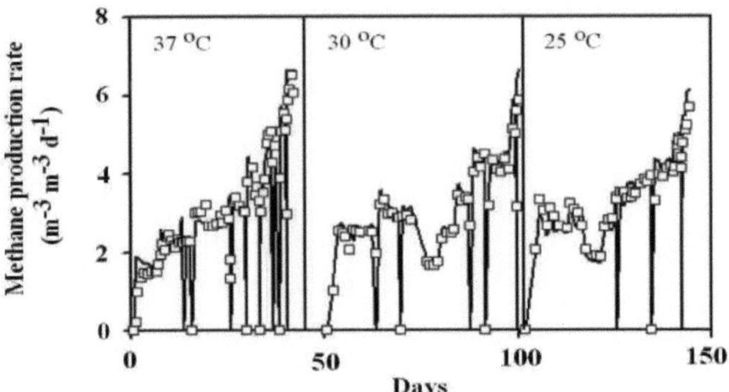

Figura (18) Produção volumétrica de metano real (□) e simulada (-) taxa durante o funcionamento contínuo do reator

Conclusão

Embora a maioria dos reactores de alta velocidade tenha provado a sua aplicabilidade a diferentes águas residuais de elevada resistência numa gama de taxas de carga orgânica, existem certas diferenças na preferência de um determinado tipo de digestor em relação a outros em termos de vários factores, tais como a necessidade de pré-tratamento, diluição, controlo das condições de funcionamento, etc. No caso das águas residuais de matadouros, um reator anaeróbio de contacto pode ser utilizado sem pré-tratamento, ao passo que para a utilização de digestores de alta velocidade, como o UASB, é essencial uma fase de pré-tratamento para a remoção dos sólidos em suspensão e das gorduras antes do tratamento anaeróbio. A digestão em duas fases com controlo do pH e da temperatura resulta numa taxa de produção de biogás mais elevada com a digestão de águas residuais de soro de queijo. É necessário um pós-tratamento aeróbio para atingir os níveis admissíveis de CQO e CBO antes da descarga. Devido à produção de águas residuais de várias secções da indústria da pasta e do papel, existem variações na composição e na capacidade de tratamento dos efluentes. Por conseguinte, é preferível tratar os efluentes de cada secção separadamente, em função da sua biodegradabilidade e adequação ao processo de digestão, em vez de tratar o efluente combinado. Métodos avançados como o acoplamento de reactores para um pré-tratamento e pós-tratamento adequados podem resultar no tratamento completo dos efluentes com limites aceitáveis.

A revisão revela claramente que não existem factores determinantes que determinem a adequação de uma determinada conceção de reator a um efluente específico. Através de modificações adequadas na conceção dos reactores e da alteração das caraterísticas do efluente, os digestores de alta velocidade existentes podem ser utilizados para o tratamento de efluentes orgânicos. No entanto, com base nas caraterísticas dos diferentes reactores, tais como a eficiência baseada na taxa de carga e na redução da CQO, a retenção de biomassa e outros factores como o custo e os requisitos de funcionamento e manutenção, as configurações UASB e de filme fixo parecem ser as mais adequadas

A compreensão da cinética do processo é vital para a conceção, desenvolvimento e funcionamento dos reactores anaeróbios. Baseada na bioquímica e microbiologia do processo anaeróbio, a cinética fornece uma base judiciosa para a análise, controlo e conceção do processo. Para além da descrição quantitativa das taxas de utilização do substrato, a cinética do processo também trata dos factores operacionais e ambientais que afectam essas taxas.

A cinética do crescimento bacteriano baseia-se em duas relações fundamentais, ou seja, a taxa de crescimento e a taxa de utilização do substrato. São apresentados vários modelos cinéticos para processos anaeróbios, predominantemente baseados na equação de Monod ou nas suas modificações.

Referências

Andersen R, Hallan P. (1995). Estado da arte do tratamento de efluentes de uma fábrica escandinava de pasta e papel. TAPPI Proceedings D International Environmental Conference, 2, 645-651.

Asok Adak, Debabrata Mazumder e Pratip Bandyopadhyay (2011). Simulação de um modelo de conceção de processos para a digestão anaeróbia de resíduos sólidos urbanos Revista Internacional de Engenharia Civil e Ambiental 3, 3, 177-182

Bhavik K. Acharya , Hilor Pathak , Sarayu Mohana , Yogesh Shouche , Vasdev Singh ,Datta Madamwar. (2 0 1 1). Kinetic modelling and microbial community assessment of anaerobic biphasic fixed film bioreactor treating distillery spent wash, water research, 4 5, 4 2 4 8 -4 2 5 9

Borja R, Banks CJ, Wang Z. (1995). Efeito da taxa de carga orgânica no tratamento anaeróbio de águas residuais de matadouros num reator de leito fluidificado. Bioresource Technology, 52:157-6-62.

Callander IJ, Clark TA, McFarlane PN (1987). Digestão anaeróbia da vinhaça de etanol de madeira utilizando um reator anaeróbio de fluxo ascendente com manta de lamas. Biotecnologia e Bioengenharia; 30,896-908.

CPCB, Documento Industrial Global para a Indústria de Lacticínios. Série de documentos abrangentes da indústria COINDS/40/1992-93. Publicado pelo Conselho Central de Controlo da Poluição, Deli.

Diamantis V., Aivasidis A.(2010). Análise cinética e simulação do tratamento anaeróbio UASB de uma água residual de fruta sintética. Global NEST journal, vol 12, no 2, pp 175-180.

Elif S, entürk, Mahir 'Ince, Guleda Onkal Engin. (2012). O efeito da carga transiente no desempenho de um reator de contato anaeróbio mesofílico com força de alimentação constantejournal of Biotechnology 164,232- 237

Fang, C., Boe, K., Angelidaki, I. (2011). Produção de biogás a partir de sumo de batata, um subproduto do processamento de fécula de batata, em reactores de manta de lamas anaeróbias de fluxo ascendente (UASB) e de leito de lamas granulares expandidas (EGSB). Bioresource Technology 102, 5734-5741.

Fernandez, J., Pérez, M., Romero, L.I. (2008). Efeito da concentração de substrato na digestão anaeróbia mesofílica seca da fração orgânica dos resíduos sólidos urbanos (OFMSW). Bioresource Technology 99, 6075-6080.

Forster, T., Pérez, M., Romero, L.I.(2007). Digestão anaeróbia termofílica seca da fração orgânica dos resíduos sólidos urbanos: foco nas fontes de inóculo. Bioresource Technology 98, 3195-3202.

Fuqing Xu , Jian Shi , Wen Lv , Zhongtang Yu , Yebo Li. (2012). Comparação de diferentes efluentes líquidos da digestão anaeróbia como inóculos e fontes de azoto para a digestão anaeróbia descontínua em estado sólido de palha de milho , *Waste Management, In Press, Corrected Proof, Available online 4 September 2012*

Ghaly AE. (1996). Um estudo comparativo da digestão anaeróbia de soro de queijo ácido e de estrume de vaca num reator de duas fases. Bioresource Technology; 58:61-72.

Gnanapragasam G., Senthilkumar M., Arutchelvan V. , Velayutham T., Nagarajan S. (2011). Análise biocinética do tratamento de águas residuais de tinturaria têxtil utilizando um reator de batelada anaeróbio; Bioresource Technology, vol.102, issue2, páginas 627-632.

Goodwin JAS, Stuart JB (1994). Digestão anaeróbia de resíduos de destilaria de whisky de malte utilizando reactores aeróbios de fluxo ascendente com manta de lamas. Bioresource Technology; 49, 75-81.

Goyal S.K., Seth R., Handa B.K. (1996). Biometanação difásica de filme fixo de resíduos de destilaria. Bioresource Technology;56, 239-244.

Gregor D. Zupancic, Igor Skrjanec , Romana Marinsek Logar. (2012). Co-digestão anaeróbia do excesso de levedura de cerveja num reator de biomassa granular para aumentar a produção de biometano. Bioresource Technology 124 (2012) 328-337

Guerrero L, Omill F, Mendez R, Lema JM. (1997). Tratamento de águas residuais salinas de fábricas de farinha de peixe num filtro anaeróbio sob concentrações extremas de amoníaco. Bioresource Technology;6(1):69-78.
Guiot SR, Safi B, Frigon JC, Mercier P, Mulligan C, Tremblay R, Samson R. (1995). Desempenho de um novo reator anaeróbio multiplacas à escala real para o tratamento de efluentes de soro de queijo. Biotecnologia e Bioengenharia; 45(5):398-405.
Guitonas A, Paschalidis G, Zouboulis A. (1994). Tratamento de águas residuais fortes por reactores anaeróbios de leito fixo com suporte orgânico. Ciência e Tecnologia da Água; 29(9):257-63.
Gutierrez JLR, Encina PAG, Polanco FF. (1991). Tratamento anaeróbio de águas residuais da produção de queijo utilizando um reator UASB. Bioresource Technology ; 37:271-276.
Harada H., Uemura S, Chen A.C., Jayadevan J. (1996). Tratamento anaeróbio de uma água residual de destilaria recalcitrante por um reator UASB termofílico. Bioresource Technology;55, 215-221.
Hatamoto, M., Miyauchi, T., Kindaichi, T., Ozaki, N., Ohashi, A. (2011). Oxidação do metano dissolvido e competição pelo oxigénio em suspensão de fluxo descendente
reator de esponja para pós-tratamento de águas residuais anaeróbias. Bioresource Technology 102, 10299-10304.
Hulshoff Pol. (1995). Caraterísticas dos resíduos e factores que afectam o desempenho do reator. Notas de aula de Hulshoff Pol no Curso Internacional sobre Tratamento Anaeróbio de Águas Residuais, Universidade Agrícola de Wageningen, Delft, Países Baixos.
Jackson-Moss CA, Maree JP, Wotton SC. (1992). Tratamento de efluentes de lixívia com processo biológico de carvão ativado granular. Ciência e Tecnologia da Água; 26(12):427-434.
Johns MR. (1995). Desenvolvimento do tratamento de águas residuais na indústria de processamento de carne: uma revisão. Bioresource Technology;54: 203-216.
Korczak MK, Koziarski S, Komorowska B. (1991). Tratamento anaeróbio de efluentes de fábricas de celulose. Tratamento avançado de águas residuais e recuperação. Ciência e Tecnologia da Água; 24(7):203-6.
Largus T. Angenent, Khursheed Karim, Muthanna H. Al-Dahhan, Brian A. Wrenn e Rosa Domíguez-Espinosa. (2004), Production of bioenergy and biochemicals from industrial and agricultural wastewater, Trends in Biotechnology, Volume 22, Issue 9, 477-485.
Lettinga G. (1995). Tecnologia de reactores anaeróbios. Notas de aula do Prof. G. Lettinga no Curso Internacional sobre Tratamento Anaeróbio de Águas Residuais. Universidade Agrícola de Wageningen, The Delft, Países Baixos.
Nuortila-Jokinen J, Kaipia L, Nystrom M, Jahren S, Rintala J. (1996). Purificação interna de um extrato claro de pasta termo-mecânica com um método combinado de filtração biológica e por membrana: um estudo preliminar. Ciência e Tecnologia da Separação; 31(7), 941-52.
Okpokwasili G.C.e Nweke C.O.(2005). Microbial growth and substrate utilization kinetics, African Journal of Biotechnology Vol.5 (4), pp. 305-317 **Peixoto, G., Saavedra, N.K., Bernadete, M., Varesche, A., Zaiat, M.(2011).** Produção de hidrogénio a partir de águas residuais de refrigerantes num reator anaeróbio de leito fixo de fluxo ascendente. Jornal Internacional de Energia do Hidrogénio 36, 8953-8966.
Perez M, Romero LI, Sales D. (1998). Desempenho comparativo de tecnologias anaeróbias termofílicas de alta velocidade no tratamento de águas residuais industriais. Water Research;32(3), 559-6-64.
Puyola D., Monsalvoa V.M., Mohedanoa A.F., Sanzb J.L., Rodriguez J.J. (2011). Tratamento de águas residuais de cosméticos por reator anaeróbio de fluxo ascendente com manta de lamas Journal of Hazardous Materials 185, 1059-1065
Rao A.G., Kusum Lata, Raman P., Kishore V.V.N., Ramachandran K.B. (1997). Estudos sobre o tratamento anaeróbio de resíduos sintéticos num reator UASB. Indian J

Environmental Protection; 17(5), 349-354.
Renato Carrha, Leitao Grietje Zeeman, Gatze Lettinga (2006). O efeito das variações operacionais e ambientais no sistema de tratamento anaeróbio de águas residuais: Uma revisão, Bioresource Technology, 97, 1105-1118.
Rintala JA, Puhakka JA.(1994). Anaerobic treatment in pulp and paper mill waste management: a review, Bioresource Technology; 47, 1-18.
Ruiz I, Veiga MC, Santiago Blazquez R. (1997). Tratamento de águas residuais de matadouros num reator UASB e num filtro anaeróbio. Bioresource Technology;60:251-258.
Sanchez RFS, Cordoba P, Sineriz F. (1985). Utilização do reator UASB para o tratamento anaeróbio da vinhaça de melaço de cana-de-açúcar. Biotecnologia e Bioengenharia ;27, 1710-1716.
Seckin, G., Yilmaz, T., Guven, A., Yuceer, A., Basibuyuk, M., Ersu, C.B. (2011). Modelação do desempenho de filtros anaeróbios de fluxo ascendente que tratam águas residuais de fábricas de papel utilizando programação de expressão genética. Engenharia Ecológica 37, 523-528
Siewhui Chong , Tushar Kanti Sen , Ahmet Kayaalp , Ha Ming Ang (2012). As melhorias de desempenho dos reactores de manta de lamas anaeróbias de fluxo ascendente (UASB) para o tratamento de lamas domésticas - Uma revisão do estado da arte, Water Research, Volume 46, Edição 11, Páginas 3434-3470.
Simate, G.S., Cluett, J., Iyuke, S.E., Musapatika, E.T., Ndlovu, S., Walubita, L.F., Alvarez, A.E. (2011). O tratamento de águas residuais de cervejarias para reutilização. Revisão. Dessalinização 273, 235-247.
Strydom JP, Britz TJ, Mostert JF. (1997). Digestão anaeróbia bifásica de três diferentes efluentes lácteos utilizando um bioreactor híbrido. Water S A; 23(2):151-156.
Thangaraj A, Kulandaivelu G. (1994). Fotoprodução biológica de hidrogénio utilizando águas residuais de laticínios e cana-de-açúcar. Bioresource Technology);48, 9-12.
Vidal G, Soto M, Field J, Mendez PR, Lema JH. (1997). Biodegradabilidade anaeróbia e toxicidade de águas residuais do branqueamento sem cloro e com cloro total de pastas kraft de eucalipto. Water Research; 31(10), 2487-94.
Wiegant W.M., Lettinga G. (1985). Digestão anaeróbia termofílica de açúcares em reactores anaeróbios de fluxo ascendente com manta de lamas. Biotecnologia e Bioengenharia ;27,1603-1607.
William W. Chen , Mario Niepel, e Peter K. Sorger· (2010). Abordagens clássicas e contemporâneas para modelar reacções bioquímicas, Genes Dev., 1; 24(17): 1861-1875.
Yan J.Q., Lo K.V., Pinder K.L. (1993). Estabilidade causada pela elevada resistência do soro de queijo num reator UASB. Biotecnologia e Bioengenharia; 41, 700-706.
Sonnada J.R., Goudar C.T. (2004). Solução da equação de Haldane para a cinética enzimática de inibição do substrato utilizando o método de decomposição Mathematical and Computer Modelling Volume 40, Issues 5-6, Pages 573-582
Sandhya S. e Swaminathan K.(2006).Análise cinética do tratamento de águas residuais têxteis em reator anaeróbio de coluna híbrida de leito fixo de fluxo ascendente.Chem.Eng.J.,122, PAGES 87-92

Printed by Books on Demand GmbH, Norderstedt / Germany